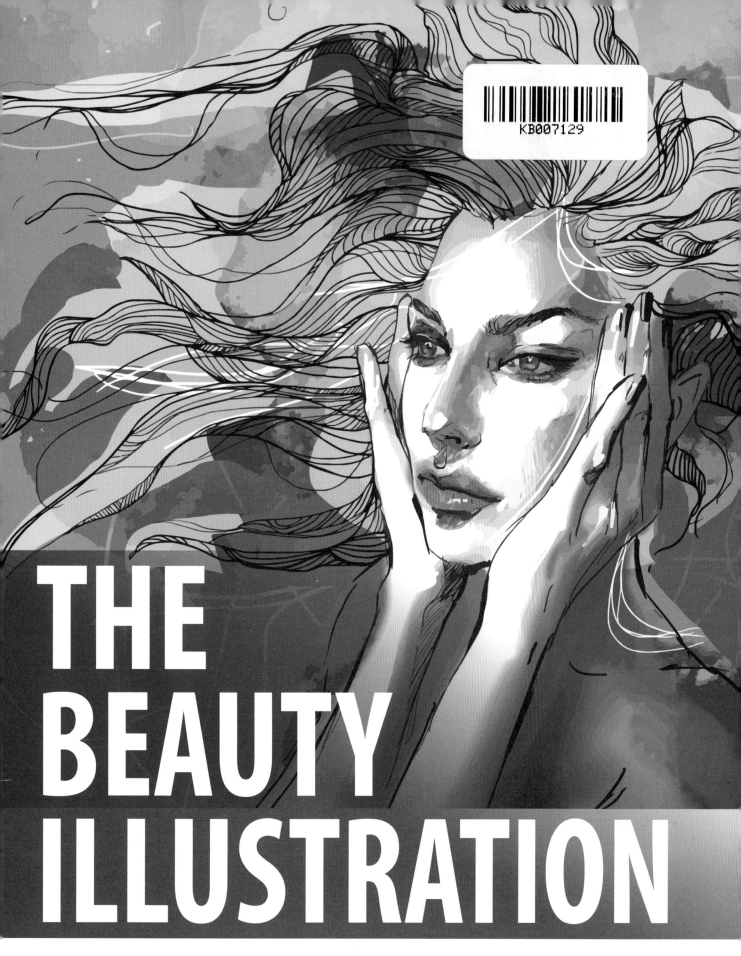

THE
BEAUTY
ILLUSTRATION

뷰티일러스트레이션

뷰티일러스트레이션
The Beauty Illustration

초판 인쇄 | 2016년 3월 25일
초판 발행 | 2016년 3월 30일

지은이 | 박미정, 서은혜, 오수나, 이지아
발행인 | 조규백
발행처 | 도서출판 구민사
　　　　　(07301) 서울특별시 영등포구 문래로 187, 604
　　　　　(영등포동4가 동서빌딩)

전화 | 02.701.7421~2
팩스 | 02.3273.9642
홈페이지 | www.kuhminsa.co.kr

등록 | 제14-29호 (1980년 2월 4일)
ISBN | 979-11-5813-221-7 (13590)

값 20,000원

머 리 말

21세기 현대의 우리는 미와 예술이 넘쳐나는 시대에 살고 있다.

아름다움에 대한 인간 본연의 갈망은 삶의 만족감을 높여주며, 인간의 아름다움을 연구하는 뷰티 학문 역시 나날이 발전하고 있다.

일러스트레이션의 순수 목적은 아티스트의 창의적인 감각과 미적 의도를 보는 이로 하여금 메시지를 전달하는 데 있다. 그중에서도 특히 뷰티일러스트는 순수 미술과 상업 미술의 경계선을 넘나드는 예술 영역으로, 메이크업, 헤어, 네일 디자인을 포함한 뷰티 전공자들이 그들의 창의성과 미적 감각을 배양하는데 있어 반드시 학습해야 하는 필수 학문이다.

본 교과는 뷰티 전공자들이 가장 처음 접하게 되는 뷰티일러스트의 기초 드로잉 과정을 중심으로 다루게 되며, 학습자들이 보다 이해하기 쉽고, 흥미로우며, 창의적인 학습이 될 수 있도록 구성하였다.

실기의 토대가 되는 이론으로서는 일러스트의 정의 및 개념, 역사, 각 재료의 활용을 다루었고, 실기 기초 과정으로 기초 드로잉 연습과 얼굴 부위별 드로잉 방법, 모발 표현 및 얼굴의 완성 테크닉을 소개하였으며, 응용 단계로서 아티스트들의 작품을 수록하여 디자인 발상 전개에 도움이 되도록 하였다.

본 교재는 뷰티 전공자에게 꼭 필요한 지침서가 되어줄 것이며 기초 가이드북 역할을 충분히 하리라 생각된다.

이에 집필을 위해 애써주신 교수님들과 교재 출판에 도움주시고 응원해주신 구민사 조규백대표님을 비롯한 직원분들께 깊은 감사를 드린다.

저자 일동

Contents

The Beauty Illustration

1

일러스트레이션의 개요

1. 일러스트레이션의 개요

(1) 정의

일러스트레이션(Illustration)**이란,** 어떤 스토리와 연계되어 제3자에게 원본(text)와 함께 명백히 하기 위하여 타인에게 주의를 끈다던지 사각유도를 위해 보조적으로 예시된 그림으로 디자인에서는 '**일러스트**(Illust)'라고도 약칭한다.

일러스트레이션(Illustration)의 어원은 '빛을 부여하다', '조명한다', '밝게 한다', '분명하게 만든다'는 뜻으로 빛을 주어 돋보이게 하는 그림, 설명을 위한 그림, 장식을 위한 그림 등으로 다양하게 해석할 수 있다.

사전적 의미로는 책, 잡지 등의 삽화나 도해 또는 설명을 위한 비교로 실례나 예시한 그림으로 원본을 명백히 하기 위하여 설명한 것이다. 큰 의미로 회화, 도형 등 시각화되어 있는 모든 것을 의미하나 좁은 의미로는 대중매체 즉, 신문, TV, 영화, 잡지, 광고물 등의 매스미디어를 통해서 전달되는 조형적 이미지이다. 일반적로는 시각디자인의 내용전달을 위해 커뮤니케이션을 강조한 미술의 한 장르인 회화적 표현으로 이해되며 현대에서는 하나의 작품으로 평가되고 있다.

표현성으로 본 일러스트레이션의 범위는 넓다. 큐비즘에서 전개된 새로운 시야(視野)에 의한 표현, 추상(抽象)에 의한 기하추상도형(幾何抽象圖形), 다다이즘이나 초현실주의에 의한 자유로운 발상, 그리고 이러한 근대 예술운동에 나타난 표현형식이나 기법, 현대의 전위예술에서 볼 수 있는 특이한 기법과 마티에르 등은 그대로 일러스트레이션의 기법이 되었다. 또 최고의 사진기술이나 재료의 진보에 따라, 사진은 그린 것보다 강한 박진감을 주므로 사진을 사용하는 경우도 많아지고 있다.

일러스트레이션의 표현형식은 보통 ① 구상적(具象的 : 사실적인 실체 그대로의 표현), ② 단화적(單化的 : 실체를 간결한 도형으로 단순화한 것), ③ 추상적(抽象的 : 유기적 ·무기적인 추상도형의 표현), ④ 만화적(희화적인 즐거움을 강조하는 표현), ⑤ 패션(스타일화 ·모드화) 등의 다섯 가지로 분류하고 있는데, 여러 형식의 표현을 명확히 구분하기란 쉽지 않다.

뷰티일러스트레이션(Beauty Illustration)은, **뷰티**(Beauty)와 **일러스트레이션**의(Illustration)의 합성어로서, 메이크업, 헤어, 네일 등의 뷰티디자인의 조형적 감각을 미술이라는 컨텐츠를 통해 스케치하여 트랜드를 제시하고 정보, 이미지 전달의 표현방법에 있어 인체드로잉, 컬러, 다양한 재료나 도구를 이용하여 자신의 아이디어를 스케치하거나 보는 이에게 이미지를 정확하게 전달하기 위해 색채와 형태로 그림, 사진, 컴퓨터 등의 표현 기법으로 평면적, 입체적으로 시각화한 것을 말한다.

뷰티일러스트는 미용예술분야의 가장 기초적인 분야로 미용예술을 전공으로 하기 위해 사람의 몸과 인체미를 다루는 일이 대상이 되고 있으며, 이에 정확한 인체의 골격과 근육 등을 이해하는데 도움을 주며 아티스트의 미적감각을 향상시키고 뷰티예술분야의 패턴 및 감각을 익히는데 도움을 준다. 특히 메이크업에서는 얼굴에 색채와 선 등을 이용하여, 질감, 헤어스타일, 의상 등을 표현한다. 얼굴의 균형 및 조화, 색채 등 디자인을 효율적으로 전달하기에 일러스트레이션은 매우 중요하다. 빠르게 변화하는 트랜드와 스타일을 제시할 수 있어 순간적인 기록으로 표현하고자 하는 뷰티 감각을 표현해 낼 수 있다.

21세기 뷰티일러스트레이션은 인터넷 등 매체의 발달로 인해 현대 뷰티의 흐름과 산업사회의 발전 속에서 그 중요성이 대두되어 전문성을 띤 뷰티일러스트레이션의 한 영역이 순수미술과 상업미술의 중간 개념으로 정립되었다.

(2) 역사

최초의 일러스트레이션의 역사는 원시시대 동굴벽화나 고대 미술로부터 시작된다. 스페인의 알타미라 동굴벽화를 보면 당시 농경시대에 중요한 대상이었던 '소'를 형상화하였는데 검정, 빨강, 노랑, 갈색 등의 색을 이용하여 수렵을 기념하고 수확이 많기를 기원하는 종교적인 목적이었다고 볼 수 있으며, 이는 일러스트레이션의 최초가 되었다고 일컫는다. 동굴에 살던 인간의 조상은 생존을 위한 자연과의 커뮤니케이션을 위해 그림을 그린 것이다.

일러스트레이션은 메이크업의 유래와 마찬가지로 모방충돌설, 유희충돌설, 장식목적설, 주술목적설 등이 있다.

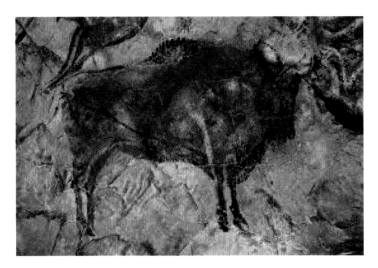

알타미라 동굴벽화

파피루스

위의 그림은 지중해 습지에서 나는 풀을 지칭하는 파피루스인데 고대 이집트에서는 이 식물 줄기의
껍질을 벗겨내고 속을 가늘게 찢은 뒤 엮어 말려서 다시 매끄럽게 하여 파피루스라는 종이를 만들
었다. 현재의 제지법이 유럽에 전파되기 전에는 나일강을 중심으로 많이 재배하였다. 이는 세계에서
가장 오래된 종이뿐 아니라 보트, 돛대, 매트, 의류, 끈 등을 만들었고 속은 식용으로 사용하였다고
한다.

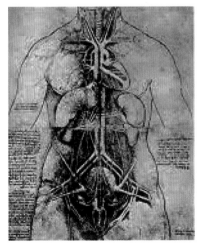

레오나르도 다 빈치의 인체해부도

위의 그림은 레오나르도 다 빈치의 인체해부도로서 일러스트레이션이 보는 이에게 시각유도를 통해 주의를 끈다거나 의미를 쉽게 전달하거나 메시지를 전달해야 하는 목적이 있는 면에서 일러스트레이션에서 중요한 역사적 자료라고 할 수 있다.

15세기 중엽 활판 인쇄술의 발명으로 삽화는 목판, 동판, 석판으로 제작되었는데, 특히 판화용 프레스가 발명되면서부터 주로 목판에 양각을 한 판화기법을 이용하여 일러스트레이션이 제작되었다. 기법의 한계로 인해 디테일한 표현은 불가능하였으나 최초로 대중이라는 불특정 다수에게 제공된 의미전달용 이미지라는데 큰 의의가 있다.

16세기에는 금속판을 이용한 판화기법이 개발되는데 견고한 금속판에 음각으로 새겨진 이미지들은 현대의 지폐 인쇄기법에도 활용될 정도로 우수하였다. 이 시대에는 사실적인 인물화나 지도제작, 자연과학에 응용되는 이미지 등을 그 영역이 확대되며 판화기법에 의한 목판 일러스트레이션의 황금기, 즉 대량생산의 황금기로 평가된다.

17~18세기에는 스위스 메리안 가족이 그린 동·식물 일러스트레이션은 예술성을 더 평가받게 되고 19세기에는 사진 제판이 실용화되면서 삽화는 각종 인쇄기술을 활용하게 되었다.

메리안의 곤충 그림

19세기에서 20세기의 과도기를 잇는 새로운 예술이라는 의미의 미술사조인 **아르누보**(Art-Nouveau)는 꽃, 넝쿨 등의 식물의 부드러운 곡선을 장식화하고 교차함으로써 현대 일러스트레이션에 관능적이며, 탐미적인 예술미를 부여하고 있다.

20세기를 넘어 현대의 일러스트레이션은 순수미술과 상업미술의 경계선 상에서 창조적 예술의 개념으로서 하나의 예술 장르로 인정받게 되고 디자인, 광고 등에서 다양하게 활용되고 있다. 현대 미술의 재료와 기법이 활용되면서 일러스트레이션은 붓의 터치와 선의 사용, 색채와 텍스쳐, 오브제 활용 등 표현에 있어 자유로웠으며, 에어브러시, 컴퓨터 그래픽 등의 새로운 기법이 도입되면서 더욱 활발히 진화되고 있다.

(3) 영역

일러스트레이션의 영역은 광범위하다.

광고일러스트레이션

광고일러스트레이션은 구매력이 있는 대중을 상대로 상품이나 이미지를 알리기 위한 판촉 그림, 홍보물, 달력 등 다양한 시각적 광고 그림을 의미한다. 주로 사진으로 표현할 수 없는 부분을 사실적인 묘사나 컴퓨터를 활용하여 영상을 만들어내는 렌더링(Rendering)을 많이 사용하며 고객에게 제품의 이미지를 뚜렷하게 인식시키고자 하는 마케팅의 목적을 가진다.

뷰티일러스트레이션

뷰티일러스트레이션은 순수회화의 한 종류로서 인체를 대상으로 얼굴 각 부분과 헤어스타일을 트렌디한 감각과 색채감각, 다양한 도구를 이용하여 표현하는 인체 예술의 표현 양식이라 할 수 있다.

패션일러스트레이션

패션일러스트레이션은 복식 디자인 발상을 구체적으로 표현하기 위해 패션 디자이너의 개성과 영감을 스케치하는 것으로 인체와 복식을 시각적으로 표현한다.

인체 스타일과 옷의 디자인, 무늬, 장신구, 색채 등 소재의 드로잉을 다양한 도구를 이용하여 표현한다.

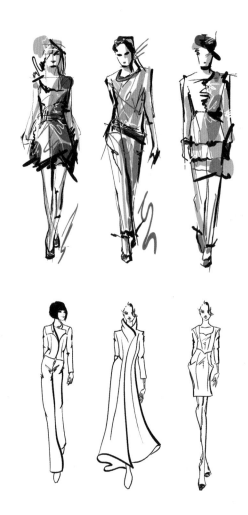

책표지 일러스트레이션

책표지 일러스트레이션은 책의 정서를 예고하여 독자로 하여금 흥미를 유발하고 본문 내용을 미리 짐작하도록 하는 상징적인 그림이 많다. 책의 주제와 내용이 잘 전달될 수 있어야 하며, 간결하고 상징적으로 그려야 한다. 그림동화, 잡지, 수필, 소설, 시집, 일반 서적 등이 있다.

컴퓨터 일러스트레이션

(1) **포토샵(Photoshop) 일러스트레이션** : 포토샵 일러스트레이션은 포토샵(Adobe Photoshop) 프로그램을 사용하는 것으로, 화면의 수정 및 채색 표현이 가능하다.

원래는 매킨토시 컴퓨터에서 영상 합성 색상 분해 컬러 그림그리기 등에 사용하던 전문가용 소프트웨어였으나 이후 IBM PC를 위한 윈도우용도 출하되었다. 컴퓨터 그래픽 작업에 가장 기본이 되는 프로그램으로 널리 쓰이고 있다.

(2) **3D(Three Dimensions) 일러스트레이션** : 3D는 3차원 입체물을 말한다. 뷰티일러스트에서
 는 이미지의 효과적인 표현 방법으로 많이 사용된다.

애니메이션

애니메이션(Animation)은 '만화 영화', '그림 영화', '동화'라고도 하며, 여러 장의 화면을 연속 촬영, 조작하여 움직이도록 보이게 만든 만화 영화의 일종이다. 요즘은 입체적인 컴퓨터 영상으로도 재현되며, 어린이의 상상력과 창의성에 도움을 주기 위해 다양한 색채와 기법을 사용하여 표현, 내용, 정서, 객관적 사실에 유의하며 표현한다. 어린이를 위한 그림책, 애니메이션, 문구, 포장 등이 이에 속한다.

꼴라쥬

꼴라쥬(Collage)는 '모으다', '수집하다', '풀칠하여 작업하다'의 의미로 종이, 천, 유리, 나뭇잎, 철사, 동전 등 실생활에서 접하는 모든 종류의 사물을 대상으로 하여 자르거나 조각하여 붙여 조화롭게 구성하는 회화기법으로서 표현된다.

이는 입체파 화가들이 유화작품 일부에 신문지, 우표, 벽지, 상표 등의 실물을 붙여 구성하던 '파피에 꼴레(Papier Coller)' 기법에서 확대되었으며, 1960년 대 팝아트(Pop-Art)를 거쳐 점차 일러스트레이션 기법에 응용되었다. 철사, 양철조각, 유리, 비닐 등 입체적인 재료를 붙이는 콤바인 페인팅(Combine Painting), 여러 장의 사진을 붙이거나 영상을 합성하여 조립된 이미지를 제작하는 포토 몽타주(Photo Montage) 등이 있다.

The Beauty Illustration 2

일러스트레이션 재료 및 도구

2. 일러스트레이션 재료 및 도구

일러스트레이션은 연필, 색연필, 수채화물감, 파스텔, 펜 등의 한가지 재료를 사용하여 표현하거
나 혹은 두가지 이상의 재료를 사용하기도 하는데 각 재료의 특성과 장단점을 잘 이해하여 사용
한다면 흥미롭고 훌륭한 일러스트레이션 작품을 만들 수 있다.

(1) 연필(Pencil)

연필은 드로잉 재료 중 기본적이고 전통적인 재료로 손쉽게 구할 수 있을 뿐 아니라 표현이 자
유로워 질감, 터치, 형태 표현 등이 다양하게 표현되며, 빠르게 그리거나 섬세하게 혹은 러프하
게 표현이 가능하다. 한 그림 안에서 선과 색조를 손쉽게 결합시켜 다양한 질감과 선, 무늬, 명,
암을 묘사할 수 있다. 상황에 따라 연필의 흔적이 보이지 않게 표현하기도 하고 면의 조직, 빛과
선의 방향, 질감, 특히 머리카락 등의 표현을 위해서는 연필선의 방향, 필 압, 선의 굵기 등을 적
절히 조절할 필요가 있다.

연필의 종류에는 경도(굵기)와 농도(진하기)에 따라 구분할 수 있다. 하드펜슬(Hard Pencil), 소프트
펜슬(Soft Pecil), 샤프펜슬, 흑연연필(Graphite), 카본(Carbon) 등이 있다. 하드펜슬은 테크니컬 일러
스트레이션이나 제도적인 드로잉에서 세밀하고 정확한 표현에서 주로 사용된다.

– H : hard, H 앞의 숫자가 높을수록 딱딱하고 흐리다.
– B : black, B 앞의 숫자가 높을수록 부드럽고 진하다.

| 9H | 8H | 7H | 6H | 5H | 4H | 3H | 2H | H | F | HB | B | 2B | 3B | 4B | 5B | 6B | 7B | 8B | 9B |

가장 높음   →   →   가장 낮음

연필심의 굵기와 농도에 따른 쓰임을 보면, 석판인쇄 및 금속면용과 석재면용(9H~7H연필), 정밀제도 및 복사용(6H~3H연필), 학습용 · 사무용 · 사진수정용(2H~B연필), 속기용 · 건축제도용(2B~3B연필), 소묘, 미술용(4B~6B연필) 등이 있다.

연필화의 기법으로는 크게 2가지로 분류할 수 있다.

① **드로잉 기법** : 무른 연필을 뾰족하게 해서 시작하는 기법
② **문지르기 기법** : 지우개나 손가락으로 문질러서 부드러운 질감이나 명암효과를 내는 기법

(2) 색연필(Color Pencil)

색연필은 무기안료와 락카 또는 착색한 경도 합성수지를 사용하여 만든 것으로 연필보다 무른 성질을 가지며 소묘로 그린 스케치에 색을 입혀 재미있고 부드러운 분위기를 더할 수 있다.

① 색연필화의 장단점

- **장점** : 사용과 휴대가 편리

  칠하는 정도에 따라 투명, 반투명, 불투명 등의 다양한 표현이 가능

  수용성 물감을 포함한 경우 수채화 효과 가능
- **단점** : 작품을 완성하는데 많은 시간이 소요

② 색연필화의 종류

- **유성** : 부드럽고 유연성이 있으며 초크 색연필과 파스텔 색연필이 있다.
- **수성** : 사용 후 물 묻힌 붓으로 터치하면 수채화의 느낌을 연출할 수 있으며 다양한 질감 표현이 가능하다.

색연필은 다양한 명암을 세밀하게 나타낼 수 있는 재료로서 인체 정밀묘사에도 적당하다. 색연 필은 수성과 유성으로 구분할 수 있다.

수성색연필은 연필과 마찬가지로 대중적으로 많이 활용되며, 물을 묻히게 되면 수채화 물감으로 그린 듯한 느낌이 표현된다. 색감이 부드럽고 디테일한 표현이 가능하며 풍부한 색감으로 작품의 예술성을 더욱 높일 수 있다.

유성색연필은 수성에 비해 선명하게 표현할 수 있으며, 불투명한 표현이 가능하다. 색상혼합은 시너나 기름 등을 솜이나 티슈에 묻혀 표현할 수 있다.

장점은 사용과 휴대가 편리하며 칠하는 정도에 따라 투명, 반투명, 불투명 등의 다양한 표현이 가능하다. 수용성 물감을 포함한 경우 수채화 효과가 가능하다. 단, 작품을 완성하는데 많은 시간이 소요된다.

1) 종류

① **유성** : 부드럽고 유연성이 있으며 초크 색연필과 파스텔 색연필이 있다.
② **수성** : 사용 후 물 묻힌 붓으로 터치하면 수채화의 느낌을 연출할 수 있으며 다양한
　　　　　　질감표현이 가능하다.

(3) 수채화 물감(Water Color)

수채화 물감은 안료를 곱게 갈아 수용성 아라비아 고무와 결합한 것으로 맑고 투명한 느낌으로 섬세함, 깊이감을 표현할 수 있는 재료이다. 회화에서 많이 쓰이는 재료로 물의 양에 따라 맑고 투명한 효과, 유화 효과 등을 낼 수 있어 표현의 폭이 넓고 다채롭다. 섬세하거나 과감한 붓의 터치를 느낄 수 있으며 얼굴의 세부 디테일 표현도 가능하다.

1) 수채화의 종류

① **투명 수채화** : 스케치 선이 비쳐 보이며 가볍고 선명한 느낌

물의 양으로 명도 조절

② **불투명 수채화** : 중후한 느낌으로 불투명 물감인 과슈(Gouache) 사용

흰색이나 검정색을 섞어서 사용

밑색이 안보이며 유화와 같은 질감 연출 가능

소량의 물을 사용

물감을 두껍게 사용하여 유화와 같은 덧칠 효과 연출

두꺼운 종이 사용이 효과적

③ **수묵 담채화** : 먹으로 그림을 그린 후, 묵색에 지장없게 엷게 채색

2) 수채화의 장단점

• **장점** : 팔레트에서 색을 사전에 혼합하여 다양한 색을 얻을 수 있다.
• **단점** : 완전 건조한 작품도 물이 닿으면 쉽게 훼손된다.

3) 수채화 기법의 종류

① 젖어 있는 종이에 색을 칠해 자연스럽게 번지도록 하는 기법이 웨트 인 웨트(wet-in-wet, 번지기) 기법이다.

② 웨트 온 드라이(wet-on-dry, 겹쳐 칠하기)는 마른 종이 위나 이미 칠해진 마른 색 위에 겹쳐 채색하는 기법이다. 웨트 온 드라이를 반복해서 적용하면 선명한 붓 자국과 겹쳐진 흔적이 채색의 밀도감을 높여주지만, 너무 여러 번 겹쳐 칠하면 색이 탁해지므로 3번 이상은 반복하지 않는 것이 좋다.

③ 갈필은 물기가 거의 없는 붓에 물감을 묻혀 칠하는 기법이다. 물론 종이도 마른 상태여야 하며 붓과 종이에 물기가 적으면 물감이 종이에 고르게 퍼지지 못하고 종이의 질감과 반응하며 거칠게 묻기 때문에 나뭇가지나 풀숲, 낡은 벽 등 거친 느낌을 표현할 때 유용하다. 하지만 지나치면 그림이 투박해지고 미숙해 보일 수 있으니 주의해야 한다. '웨트 인 웨트'로 칠해진 곳에 부분적으로 사용하면 매우 효과적이다.

④ 닦아내기는 이미 칠해진 색을 문질러 닦아내는 기법으로, 칠한 색이 마르기 전에 화장지나 스펀지로 찍듯이 닦아냄으로써 독특한 질감 효과를 얻는 방법이다. 칠한 색이 다 마른 다음 물 묻힌 붓이나 스펀지, 면봉 등으로 닦아내기도 하며 날카로운 경계를 부드럽게 만들거나 은은한 하이라이트를 만들 때 효과적으로 활용할 수 있다.

⑤ 긁어내기는 붓대 끝이나 칼, 또는 사포로 칠해진 물감을 긁어내는 기법이다. 붓대 끝은 채 마르지 않은 물감을 긁어낼 때 사용하며 이런 용도를 위해 붓대 끝이 뾰족하게 처리된 붓도 있다. 물감이 다 마른 다음에는 칼로 긁어내는데, 칼을 이용하면 물감뿐 아니라 종이까지 긁어내기 때문에 매우 거친 느낌이 나며 넓은 부분은 사포로 문질러 칠해진 물감을 긁어낼 수 있다.

⑥ 물자국기법은 고여진 물이 이미 칠해진 물감을 밀어내면서 자국을 만들어 내는 것이며, 물자국을 인위적으로 만들 때는 먼저 칠한 물감이 완전히 마르기 전에 물기를 많이 머금은 붓으로 덧칠을 한다.

⑦ 물감을 흘리거나 뿌리는 기법은 수채화의 멋을 살리는 또 하나의 효과적인 방법이다. 물감에 물을 충분히 섞은 다음 붓에 듬뿍 묻혀 종이 위에서 흘리거나 흔들어 뿌리면 방울방울 떨어진 물감의 흔적이 자연스러우면서도 역동적인 느낌을 주게 된다. 붓의 털 부분을 잡아 튕기거나 칫솔이나 망사를 이용해 뿌리는 방법도 있는데, 그렇게 하면 좀 더 고운 질감 효과를 얻을 수 있다. 이 기법은 거친 사물의 재질감이나 잘게 부서지는 물방울 등을 표현할 때 효과적이며 지나치게 뚜렷한 경계를 자연스레 허물고자 할 경우에도 유용한 방법이다.

⑧ 이외에도 양초나 오일파스텔 같은 유성재료로 채색한 후 그 위에 수채화 물감을 덧칠하면 물감을 밀어내면서 거친 질감을 표현할 수 있는 배수성을 이용한 기법, 종이에 채색을 한 후 물감이 마르기 전에 소금을 뿌리면 서서히 눈꽃 같은 무늬가 만들어지는데, 물감이 다 마른 다음 남은 소금을 털어내면 작품이 완성되는 소금 뿌리기 기법 등이 있다.

(4) 마커(Maker)

마커는 주로 그림의 외곽선을 그리거나 안의 색을 채우기 위해 사용된다. 일러스트레이션에서는 빠르고 신속하게 그릴 수 있다는 장점이 있다.

마커펜은 1948년 미국에서 처음 개발되었고, 과거의 마커펜은 대부분 펠트형이었는데, 현재는 여러가지 모양의 마커펜이 다양한 용도로 사용되고 있다. 일반 필기구류와 마찬가치로 마커펜도 잉크성분에 따라 유성과 수성으로 나눌 수 있다. 수성 마커펜은 필기감이 부드럽고 기름냄새가 없는 대신 내수성이 약하며 종이 이외에는 사용하기 어려운 단점이 있다. 유성 마커펜은 점착력이 우수하여 종이 이외에 플라스틱, 유리 등에도 쓸 수 있다. 번짐이 적고 수채화 느낌과 광택효과가 있다.

(5) 파스텔(Pastel)

파스텔은 회화와 소묘의 성격을 함께 가지고 있는 재료로 부드럽고 화려한 색채로 외관상 건조된 안료와 가장 비슷한 느낌을 가진다. 파스텔은 막대형과 연필형이 있으며, 색을 칠한 다음 손이나 가죽 등으로 문질러 효과를 낸다. 파스텔의 색조는 쉽게 섞이고 부드러워진다.

- **막대형** : 넓은 면적이나 부드러운 표면처리에 적합하다.
- **연필형** : 터치를 살려 다양한 표현을 할 수 있으며 가는 부분이나 섬세한 표현에 좋다.

1) 파스텔의 종류

① **오일파스텔** : 부드러운 재질로 불투명 효과와 거친 질감 표현 및 강렬한 색채 표현이 가능하다. 밝은 색으로 어두운 색이 커버 가능하며 유성 접착제가 포함되어 있어 기름기가 있는 질감이다.

② **수용성파스텔** : 스케치 완성 후 물에 닿으면 불투명 수채의 담채 효과가 있다.

② **하드파스텔** : 단단하며 정교한 작업에 용이하며, 덧칠이 가능하다.

③ **소프트파스텔** : 부드러운 재질로 화려한 색채표현이 가능하며 다양한 재료에 스케치가 가능하다. 단계별로 정착액을 사용하면 얼룩을 방지할 수 있다.

[그림 1] 정착액(Fixative)

　　접착력이 없는 파스텔화를 손상없이 오래 보존하기 위해 사용하며,

　　사용시 물감으로 그린 그림과 같이 매끄러운 표면으로 마감할 수 있다.

　　사용시에는 20cm 거리를 두고 일정하게 도포한다.

2) 파스텔의 장단점

　① 장점 : 균열이나 변색이 없다.

　　　　　　사용이 간편하다.

　　　　　　작가의 감성을 즉각적으로 표현할 수 있다.

　② 단점 : 접착력과 내구성이 떨어진다.

파스텔은 부드럽고 온화한 느낌의 일반적인 재료이며, 다른 재료들(물감, 과슈, 색연필, 아크릴 등)과 쉽게 섞어 쓸 수 있으며 색감이 풍부하여 많이 활용되고 있다. 또한 입자가 곱고 불투명한 것이 특징이며 분말상으로 부착시켜 사용하며 소량의 접착제가 가해져 있어 덧칠할 수 있다. 손이나 천으로 문질러 질감의 변화를 나타낼 수 있으며 작업이 끝난 후에는 보관을 위해 [그림 1]의 'Fixative'를 뿌려 고정시켜주어야 한다.

기법으로는 자유로운 선을 표현하거나 크로스 해칭, 드라이 워시 기법으로 손가락이나 로션, 티슈 문지르기가 있고 마스킹 테이프를 사용하여 면을 만든다. 또한 여러 가지 색을 이용하여 그라데이션 되면서 문지르는 기법 등으로 볼 수 있다. 특히 파스텔 입자는 아이섀도우와 비슷해서 아이섀도우로 여러 가지 기법을 대신할 수 있다.

파스텔은 17세기부터 사용되었으나 그림에 널리 쓰인 것은 18세기 초의 일이다. 파스텔화는 프랑스 회화에서 중요한 역할을 하였으며 특히, 베네치아의 여류화가 L.카리에르가 파리에 머물면서 상류사회의 주문에 응하여 파스텔 초상화를 그린 일은 18세기의 프랑스 파스텔화를 급속히 발전시킨 중요한 계기가 되었다. 18세기에는 손 끝으로 문질러 화면을 정리하고 외곽만 파스텔의 끝으로 강조하는 기법이 보급되었다.

(6) 지우개(Eraser)

지우개는 연필과 같이 흑연 등으로 생긴 자국을 주로 지우는 고무나 플라스틱이 주성분인 도구이다.

고무의 소자성이 뛰어난 점을 이용하여 만들어진 것으로, 주로 연필이나 샤프 등을 이용해 그린 그림이나 글을 지울 때 사용한다. 시중에서 쉽게 살 수 있으며, 잉크를 지우는데도 종종 쓰인다.

지우개는 수정하는 목적 외에 명암 조절이나 미세한 하이라이트 표현을 하는데 유용하다. 지우개 경도는 목탄, 파스텔 작품에서는 무른 지우개로, 연필 작품에서는 단단한 지우개를 사용한다.

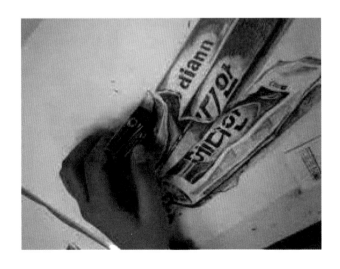

The Beauty Illustration 3

뷰티일러스트레이션의 조형적 디자인 요소

3. 뷰티일러스트레이션의 조형적 디자인 요소

조형적 요소의 점, 선, 면은 드로잉 연습의 기초과정이다.

점으로 이루어진 직선의 곧은 라인, 곡선의 생동감 넘치는 커브의 점도, 강약의 그라데이션의 연습은 일러스트를 완성하는 기초단계이며 필수적으로 갖추어야 하는 과정이기도 하다.

(1) 선 – 직선

(2) 선 – 곡선

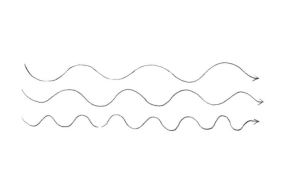

(3) 면

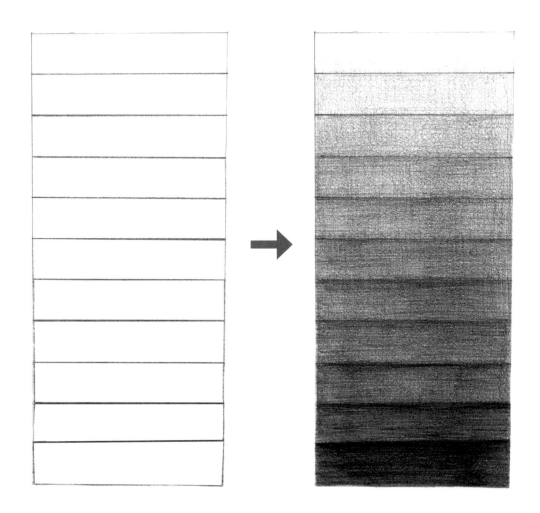

(4) 입체 – 도형

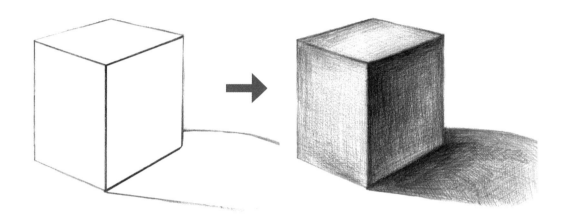

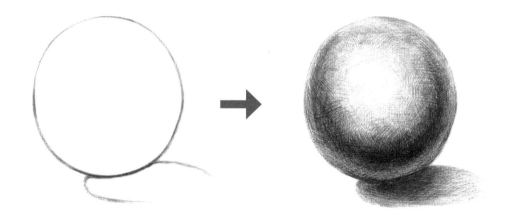

The Beauty Illustration 4

얼굴 세부묘사

4. 얼굴 세부묘사

얼굴 부위별 명칭

1) 눈 부위별 명칭

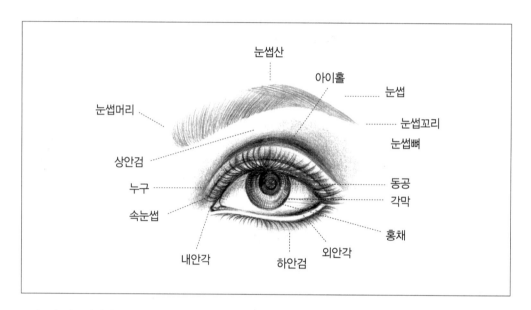

- 눈썹 – 눈썹머리, 눈썹산, 눈썹꼬리
- 눈 – 아이홀, 눈썹뼈, 눈꼬리, 외안각, 내안각, 상안검, 하안검, 동공, 공막, 각막,
  홍채, 누구

2) 코 부위별 명칭

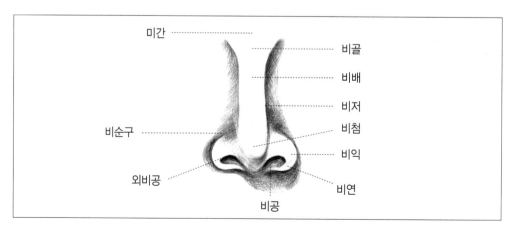

- 미간, 비배, 비골, 비순구, 외비공, 비공, 비저, 비첨, 비익, 비연

3) 입 부위별 명칭

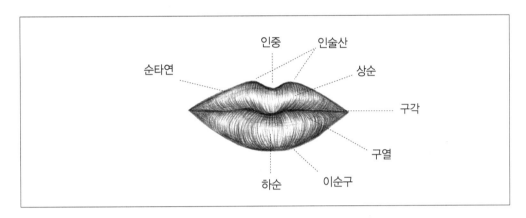

●순구연, 상순결절, 입술산, 인중, 상순, 하순, 구각, 구열, 이순구

4) 귀 부위별 명칭

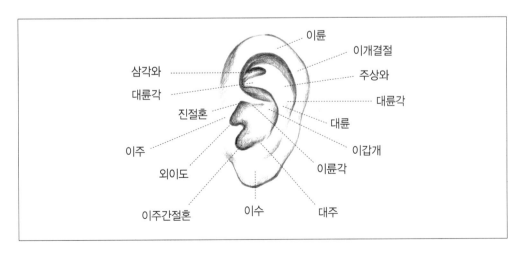

●이륜, 이갑개, 대륜, 대주, 이수, 이주간절혼, 삼각와, 대륜각, 진절혼, 외이도, 주상와

(1) 눈썹

눈썹은 인상을 결정하는 중요한 요소로서 눈썹의 길이, 두께, 색상 등의 관상과 이미지를 형성
한다.

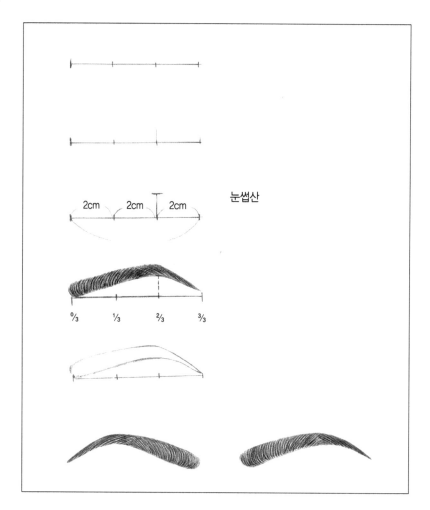

● 표준형 기본 그리기

   ① 전체적인 일직선 가로폭의 너비를 6㎝로 잡는다.

   ② 비율을 맞춰 눈썹 머리, 눈썹산, 눈썹 꼬리의 위치를 3등분하여 각 2㎝로 정한다.

   ③ 2/3 지점에서 눈썹산의 위치를 표시한다.

   ④ 비례감의 두께를 생각하며 형태를 잡는다.

   ⑤ 눈썹결 방향대로 음영을 표현한다.

● 형태별 응용 그리기

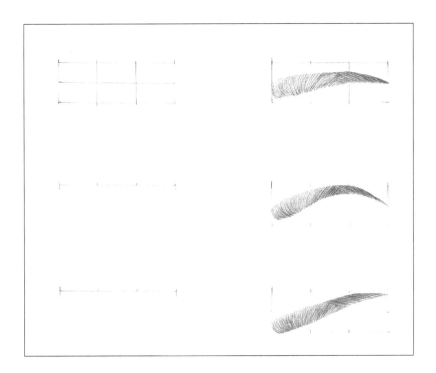

① 사각형의 가로폭 너비를 6㎝로 잡는다.

② 세로폭 너비를 2㎝로 잡는다.

③ 일정한 비율로 가로 3등분, 세로 2등분하여 6개의 사각형을 만든다.

④ 비례감의 두께를 생각하며 형태를 잡고 2/3지점에서 눈썹산의 위치를 표시한다.

⑤ 음영을 표현한다.

● 눈썹 형태 Style

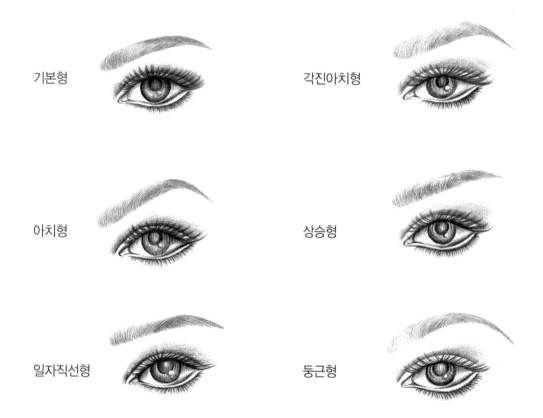

기본형

각진아치형

아치형

상승형

일자직선형

둥근형

■ **기본형**

가장 많은 스타일로 모든 얼굴형에 무난하고 자연스럽게 잘 어울린다.

귀엽고 어린 인상을 주며 두께감이 있다.

■ **일자형**

가로로 얼굴 폭이 넓어 보일 수 있어서 길거나 폭이 좁은 얼굴에 잘 어울린다.

젊고 신선한 느낌으로 눈썹이 흐리고 가늘면 젊고 동안 이미지로 보이며 굵고 두꺼우면 남성

적인 이미지로 보인다.

■ **둥근형**

고전적이면서 단아하고 차분하며 부드럽고 온화한 느낌으로 여성적인 이미지이다.

■ **아치형**

삼각형, 역삼각형, 다이아몬드형 얼굴이나 이마가 넓은 얼굴에 잘 어울린다. 눈썹이 가늘어서

섬세하고 여성적이며 우아한 이미지를 주지만 나이가 들어 보일 수 있다.

■ **둥근 아치형**

여성스럽고 우아하며 요염한 이미지로 성숙해 보인다.

■ **각진 아치형**

둥근형, 삼각형 얼굴에 잘 어울리며 활동적이며 강한 느낌의 단정한 세련되고 지적인 이미지

이다.

■ **일자 직선형**

어리면서 순수한 느낌의 이미지이다.

■ **상승형**

역동적이며 날렵하다. 세련되고 개성이 강한 이미지로 둥근 얼굴이나 각진 얼굴에 잘 어울

린다.

(2) 눈

얼굴 중에서 마음의 창이라 불리우는 중요한 부분이다.

Opened Eyes

Closed Eyes

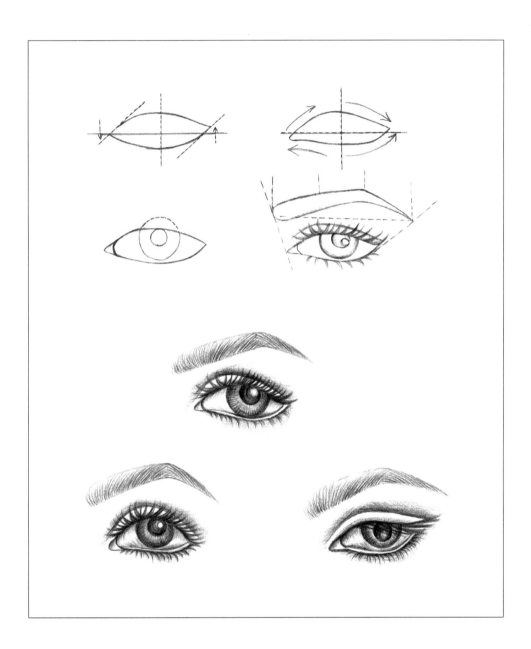

〈정면〉

① 일직선상에서 눈머리보다 눈꼬리를 높게 그린다.

② 눈의 윤곽을 상하로 대략 그려준다.

③ 눈동자는 위 눈꺼풀에 약간 가려지도록 위치를 정한다.

④ 눈동자 중앙에 짙고 어두운 동공을 그려주고 빛 반사의 흰부분도 그려 넣는다.

⑤ 상하 속눈썹을 그리고 명암을 준다.

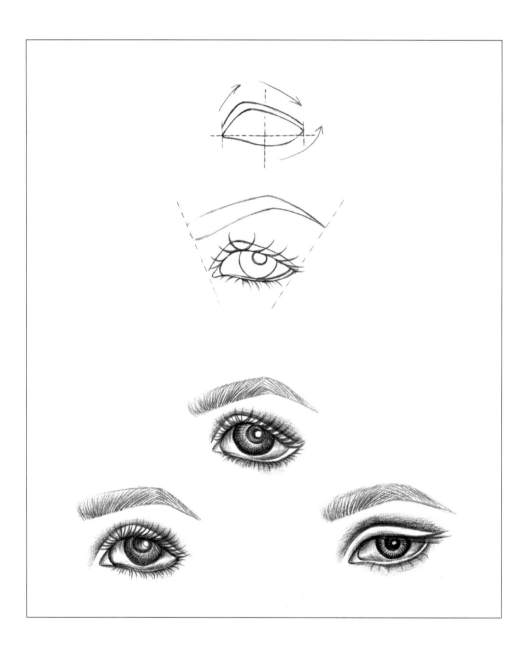

〈사면〉

① 일직선상에서 정면의 눈보다 좌우 길이가 짧다.

② 눈동자는 아래 눈꺼풀 선에 닿지 않도록 한다.

③ 눈동자는 위 눈꺼풀에 약간 가려지도록 위치를 정한다.

④ 눈동자 중앙에 검은 부분과 흰부분을 넣는다.

⑤ 상하 속눈썹을 그리고 명암을 준다.

〈측면〉

① 눈의 형태를 일직선상에서 정면 크기의 절반으로 그린다.

② 눈의 윤곽을 상하로 대략 그려준다.

③ 눈동자는 위 눈꺼풀에 약간 가려지도록 위치를 정한다.

④ 눈동자 중앙에 검은 부분과 흰부분을 넣는다.

⑤ 상하 속눈썹을 그리고 명암을 준다.

(3) 코

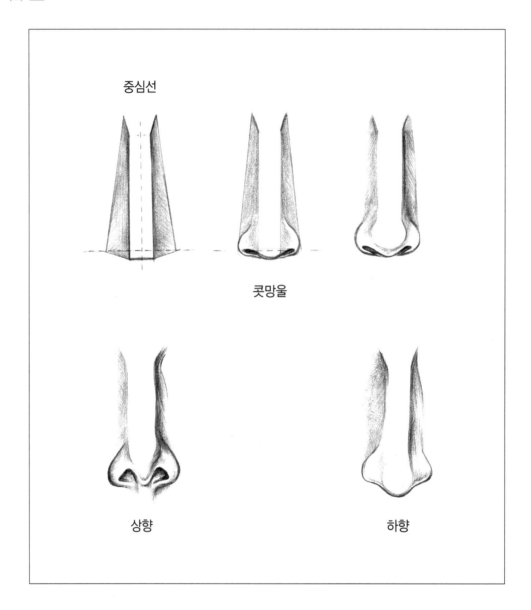

〈정면〉

① 코의 형태를 일직선상에서 중심선을 기준으로 입체 도형을 세로 형태로 그린다.

② 좌우 대칭을 유지하면서 양쪽 비율을 동일하게 콧망울의 넓이를 정한다.

③ 콧볼과 코끝의 형태를 연결하고 둥글게 굴려준다.

④ 콧날에 명암을 넣고 비공의 어두운 부분을 검게 표현한다.

⑤ 음영을 주고 입체적인 윤곽을 잡는다.

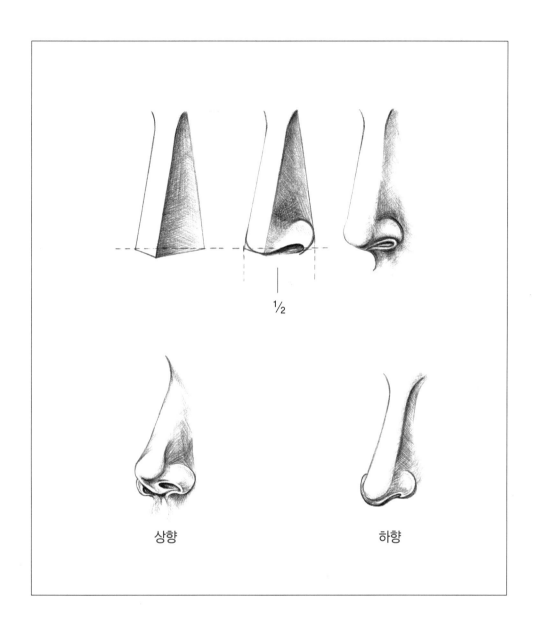

½

상향   하향

〈사면〉

① 코의 형태를 일직선상에서 사선 방향에 맞춰 중심선을 기준으로 입체 도형을 세로 형태로 그린다.

② 콧대를 세우고 콧망울의 넓이를 정한 후 콧볼과 코끝의 형태를 연결하고 둥글게 연결한다.

③ 코 밑은 콧망울의 코 끝의 ½로 절반을 정한다.

④ 콧날에 명암 넣고 비공을 어둡게 검은 부분을 표현한다.

⑤ 음영을 주고 입체적인 윤곽을 잡는다.

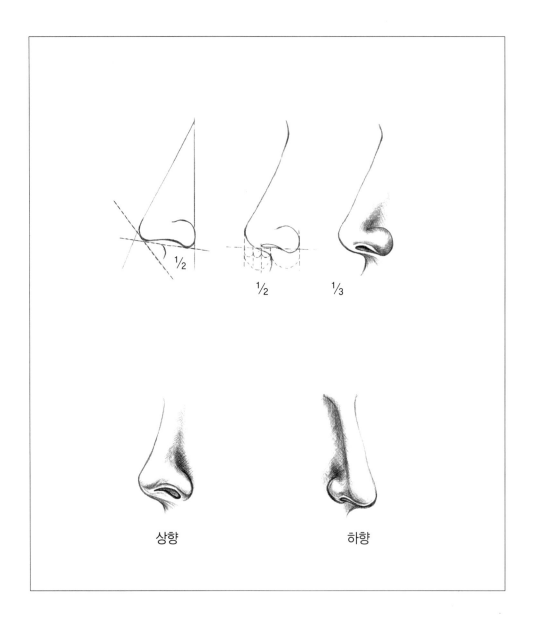

상향　　　　　　　　　하향

〈측면〉

① 코의 형태를 일직선상에서 삼각형 방향에 맞춰 중심선을 기준으로 입체 도형을 세로 형태로
　그린다.

② 콧대를 세우고 콧망울의 넓이를 정한 후 콧볼과 코끝의 형태를 연결하고 둥글게 연결한다.

③ 코 밑은 코 끝과 콧망울의 ½로 절반을 정한 후 ⅓ 지점에서 비공의 시작점을 표시한다.

④ 콧날에 명암 넣고 비공을 어둡게 검은 부분을 표현한다.

⑤ 음영을 주고 입체적인 윤곽을 잡는다.

(4) 입술

〈정면〉

① 입술의 형태를 일직선상에서 좌우대칭 방향에 맞춰 중심선을 기준으로 입체 도형을 가로 형태로 그린다.

② 좌우 입의 크기와 넓이를 정하여 ½로 절반을 1:1 비율로 절반 지점에서 균등하게 표시한다.

③ 절반 지점에서 좌우 ½로 절반을 나눈 후 입술산 형태를 연결하고 위부터 아래 입술까지 둥글게 연결한다.

④ 위 입술보다 아래 입술을 두껍게 하고 입술 가장자리는 약간 올려서 윤곽을 표현한다.

⑤ 명암은 입술 주름을 넣어 음영을 주고 입체적인 윤곽을 잡는다.

〈사면〉

① 입술의 형태를 일직선상에서 반사선 방향에 맞춰 중심선을 기준으로 입체 도형을 가로 형태로
그린다.

② 좌우 입의 크기와 넓이를 정하여 2:3 비율로 절반 지점의 중심을 표시한다.

③ 2:3 비율 절반 지점에서 다시 좌우 2:3로 절반을 나눈 후 입술산 형태를 연결하고 위부터
아래 입술까지 둥글게 연결한다.

④ 위 입술보다 아래 입술을 두껍게 하고 입술 가장자리는 약간 올려서 윤곽을 표현한다.

⑤ 명암은 입술 주름을 넣어 음영을 주고 입체적인 윤곽을 잡는다.

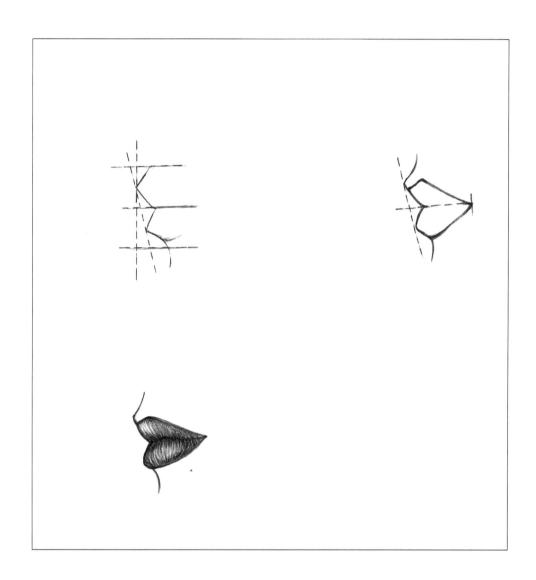

〈측면〉

① 입술의 형태를 일직선상에서 측면 방향에 맞춰 중심선을 기준으로 입체 도형을 가로 형태로
그린다.

② 좌우 입의 크기와 넓이를 정한 지점의 기울기와 중심을 표시한다.

③ 위 입술은 바깥쪽으로 아래 입술은 안쪽으로 들어가게 입술산 형태를 연결하고 위부터 아래
입술까지 둥글게 연결한다.

④ 위 입술보다 아래 입술을 두껍게 하고 입술 가장자리는 약간 올려서 윤곽을 표현한다.

⑤ 명암은 입술 주름을 넣어 음영을 주고 입체적인 윤곽을 잡는다.

● 입술 형태 Style

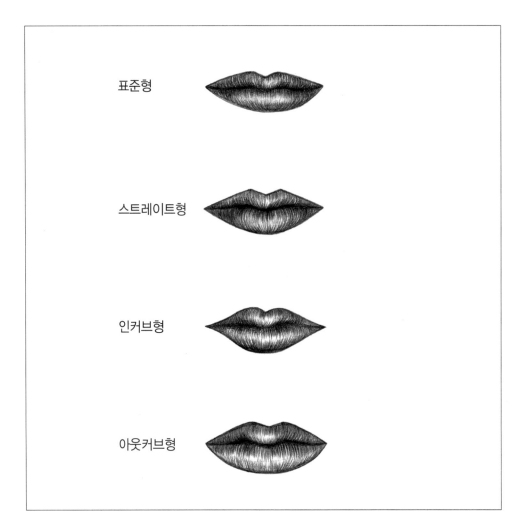

■ **표준형**

　기본적인 비례로 대중적이고 자연스러운 부드러운 이미지로 다양한 연출이 가능하다.

■ **스트레이트형**

　직선형의 각진 입술로 현대의 도시적이고 이지적인 이미지이다.

■ **인커브형**

　기본형보다 안쪽으로 그려주는 형태로 귀엽고 발랄한 동안 이미지이다.

■ **아웃커브형**

　기본형보다 바깥쪽으로 그려주는 형태로 관능적이고 섹시한 도발적인 이미지이다.

(5) 귀

● 입체 도형 알파벳 "D" 형태

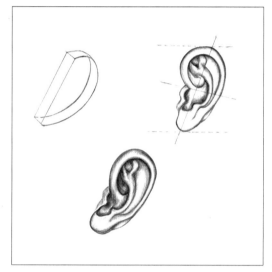

앞- 왼쪽 (좌)

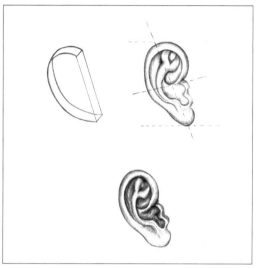

앞- 오른쪽 (우)

〈정면〉

① 귀의 형태를 일직선상에서 좌우대칭 기울기 방향에 맞춰 중심선을 기준으로 입체 도형을
   세로 형태로 그린다.

② 좌우 귀의 크기와 넓이를 정하여 형태에 맞춘 지점에서 균등하게 그려준다.

③ 십자 기울기 절반을 나눈 후 귀 형태를 연결하고 위부터 아래 형태까지 둥글게 연결한다.

④ 안쪽 부위를 나눈 후 윤곽을 표현한다.

⑤ 명암을 넣어 음영을 주고 입체적인 윤곽을 잡는다.

● 귀 각도별 형태 Style

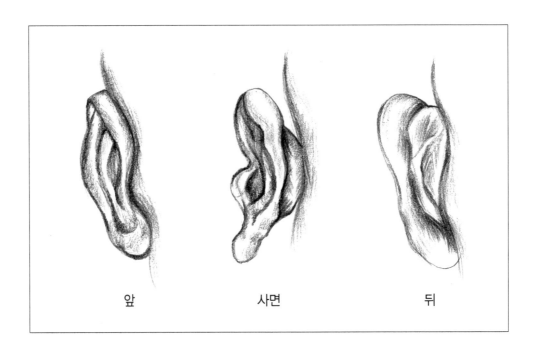

앞   사면   뒤

〈측면〉

① 귀의 형태를 일직선상에서 좌우대칭 기울기 방향에 맞춰 중심선을 기준으로 입체 도형을 세로 형태로 그린다.

② 좌우 귀의 크기와 넓이를 정하여 형태에 맞춘 지점에서 균등하게 그려준다.

③ 십자 기울기 절반을 나눈 후 귀 형태를 연결하고 위부터 아래 형태까지 둥글게 연결한다.

④ 귀의 폭을 정면보다 좁게 그리고 귓바퀴 말린 형태를 표현한다.

⑤ 안쪽 부위를 나눈 후 윤곽을 표현하고 명암을 넣어 음영을 주고 입체적인 윤곽을 잡는다.

<뒤>

① 귀의 형태를 일직선상에서 좌우대칭 기울기 방향에 맞춰 중심선을 기준으로 입체 도형을 세로 형태로 그린다.

② 좌우 귀의 크기와 넓이를 정하여 형태에 맞춘 지점에서 균등하게 그려준다.

③ 십자 기울기 절반을 나눈 후 귀 형태를 연결하고 위부터 아래 형태까지 둥글게 연결한다.

④ 귀의 폭을 측면보다 좁게 그리고 귓바퀴 말린 형태를 표현한다.

⑤ 안쪽 부위를 나눈 후 윤곽을 표현하고 명암을 넣어 음영을 주고 입체적인 윤곽을 잡는다.

The Beauty Illustration 5

모발표현

5. 모발 표현

(1) 직모

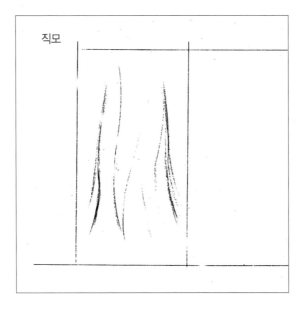 

동양인에게 많은 직선의 스트레이트 헤어이다.

머리카락의 흐름에 따라 빛, 바람, 방향, 각도의 음영을 살펴 명암을 주어 원근감과 입체감을 표현한다.

연습하기 !

(2) 웨이브

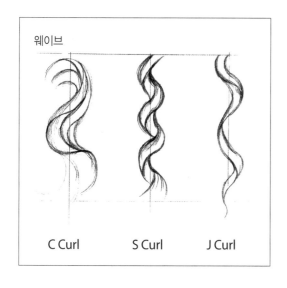

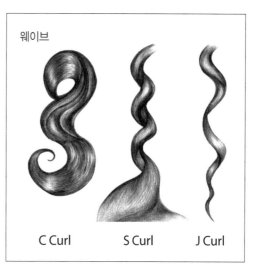

모발의 흐름에 따른 볼륨 형태는 곡선으로 강약과 생동감있게 밸런스를 생각하며 그린다.
머리카락의 흐름에 따라 빛, 바람, 방향, 각도의 음영을 살펴 명암을 주어 원근감과 입체감을
표현한다.

연습하기 !

(3) 꼰 머리

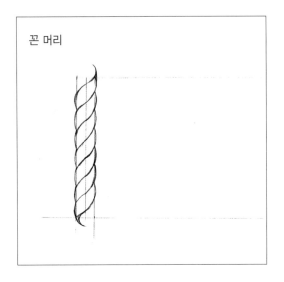

모발의 돌아가는 흐름에 따라 나타난 볼륨 형태의 꼬인 컬로 강약과 생동감있게 밸런스를 생각하며 그린다.

머리카락의 흐름에 따라 빛, 바람, 방향, 각도의 음영을 살펴 명암을 주어 원근감과 입체감을 표현한다.

연습하기 !

(4) 땋은 머리

땋은 머리

땋은 머리

모발의 엮임 모양에 따른 볼륨 형태의 교차적인 컬로 강약과 생동감있게 밸런스를 생각하며 그린다.

머리카락의 흐름에 따라 빛, 바람, 방향, 각도의 음영을 살펴 명암을 주어 원근감과 입체감을 표현한다.

연습하기 !

The Beauty Illustration 6

얼굴의 완성

6. 얼굴의 완성

얼굴의 방향과 공간의 관계를 잘 이해하여 그린다.

(1) 정면 그리는 방법

얼굴 정면의 눈, 코, 입의 균형과 비례, 조화미를 고려하여 완성도 있는 얼굴의 정면도를 그린다.

① 그림의 얼굴전체가 사각형 안에 들어오도록 가로선, 세로선을 그려주고 각각 4등분한다. 이때
4등분이 용이하도록 짝수로 가로, 세로를 정해준다. 그리고 가로선을 잰 후 맨 위의 선 중앙
지점에서 세로방향으로 같은 길이에 점을 찍어 표시한다.

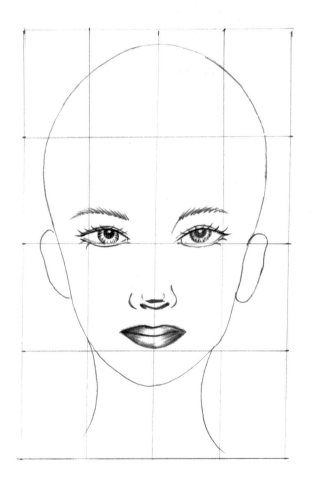

② 스케치북에 위 여백(대략 5cm)을 두고 가로선을 일정 간격(5~10cm)으로 4개 그려준다.
이때 간격이 넓을수록 그림은 커진다.

③ 먼저 중앙에 세로선을 그려주고, 기준점을 그림과 동일한 위치에 찍고 점까지 세로선을 재어 가로의 길이를 정해준다.

④ 스케치북에 가로, 세로 각각 4등분이 되도록 만든다.

⑤ 그림에 선과 그림이 만나는 접점에 점을 찍어 표시한 후 스케치북에서도 같은 위치에 점을
  찍고 얼굴의 프로모션을 생각하며 대략의 윤곽을 잡고, 목선도 그려넣는다.

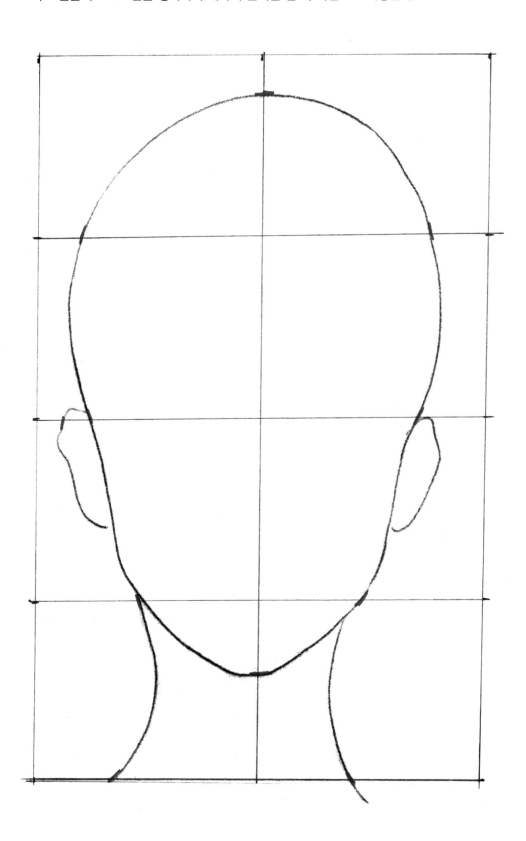

⑥ 눈, 눈썹, 코, 입의 대략적인 구도를 잡는다. 이때 눈과 눈 사이의 거리는 눈 하나가 들어갈 정
도로 그려주며, 코의 끝과 입의 중앙은 중심선 상에 위치하여야 하며, 입술 구각 끝 지점은 눈
동자의 안쪽 지점과 연장선상에 위치하도록 한다.

⑦ 눈, 눈썹, 코, 입, 눈동자 등의 위치 및 크기 등을 전체적인 조화를 고려하여 자연스럽게 표현한다.

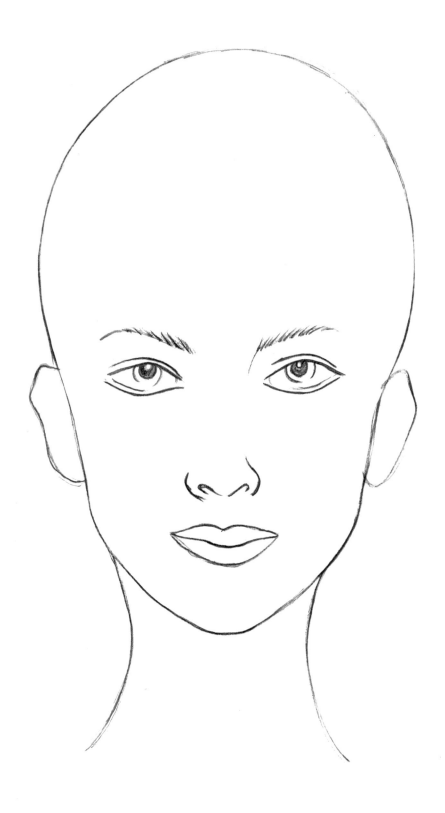

⑧ 눈동자, 속눈썹, 눈의 점막, 코의 음영, 립의 주름, 귀의 모양 등을 부분적으로 디테일하게
　 표현하고, 음영을 자연스럽게 넣어 준다.

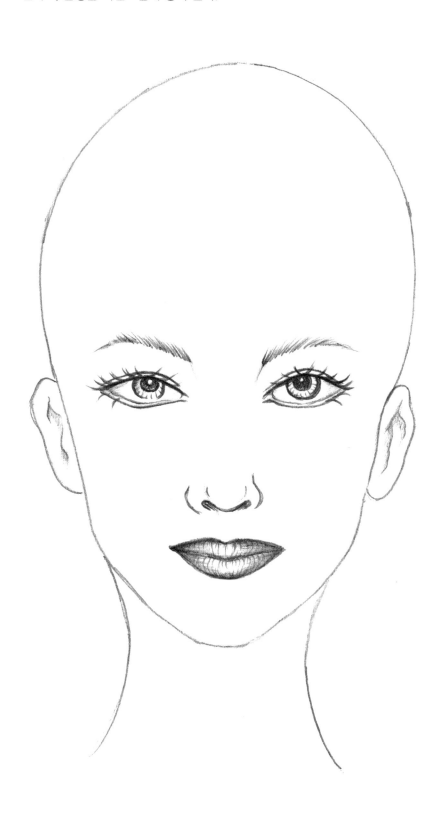

⑨ 완성하기 – 헤어스타일의 외곽 라인을 먼저 그려준 후 밑 그림 선을 지운 후 헤어스타일에
입체감있게 음영을 넣고 흐름을 디테일하게 그려준다. 먼저 헤어스타일의 외곽 라인을 그려준
후 밑 그림 선을 지우고 음영과 세부적인 묘사를 한다.

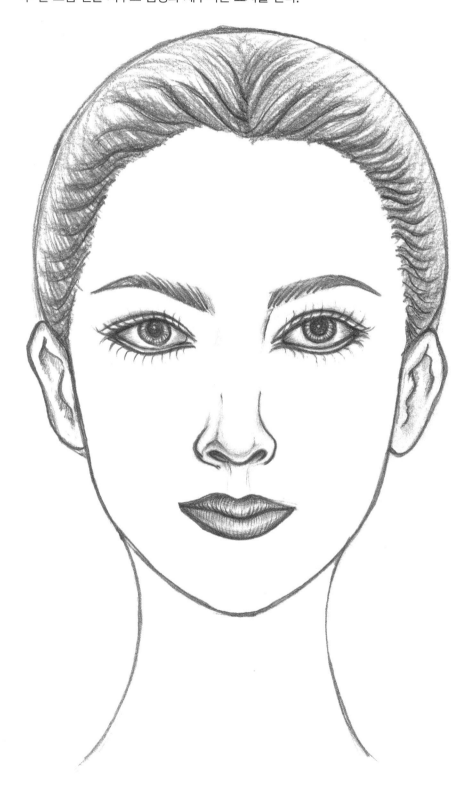

(2) 사면 그리는 방법

사면(斜面)은 2/3정도 측면을 기준으로 얼굴이 비스듬히 기운 면을 말한다. 사면은 코의 높이와 턱의 면이 입체적으로 보이므로 형태의 기준을 정하기가 비교적 쉬우며, 코를 중심으로 눈의 크기, 입모양의 기울기 등을 균형감있게 그려주면 된다.

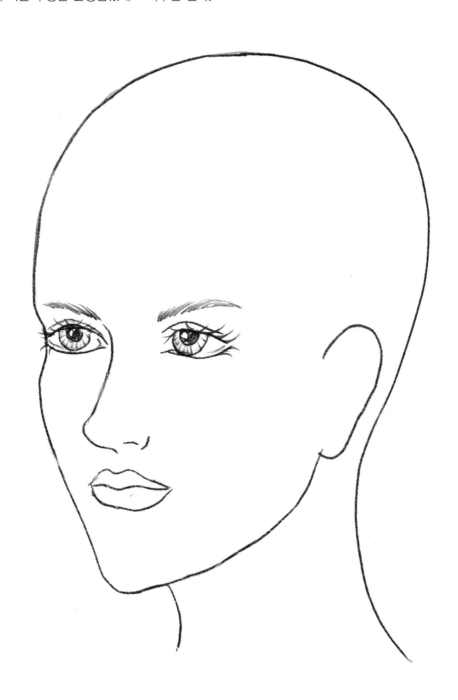

(3) 측면 그리는 방법

얼굴의 정면이나 사면보다는 비교적 그리기가 쉬우나 눈, 코, 입술의 각도를 유의하여 그리지 않으면 어색하기 쉬우므로 주의한다. 특히 정수리에서 코까지의 선과 입의 경사를 유의한다.

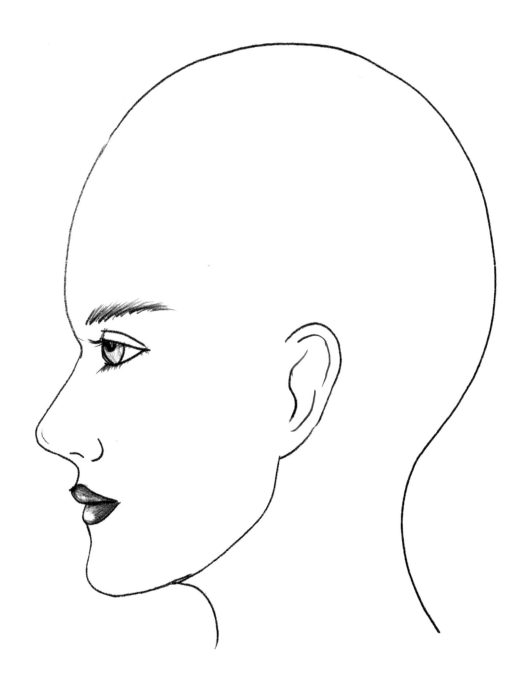

MEMO

The Beauty Illustration

뷰티일러스트 작품

7

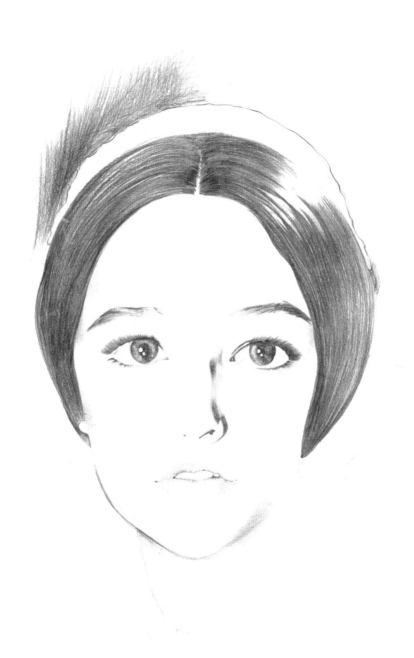

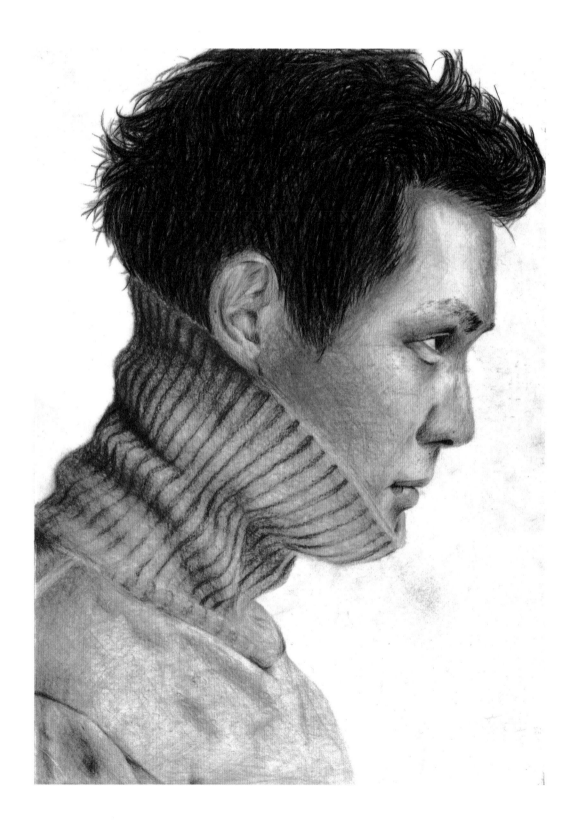

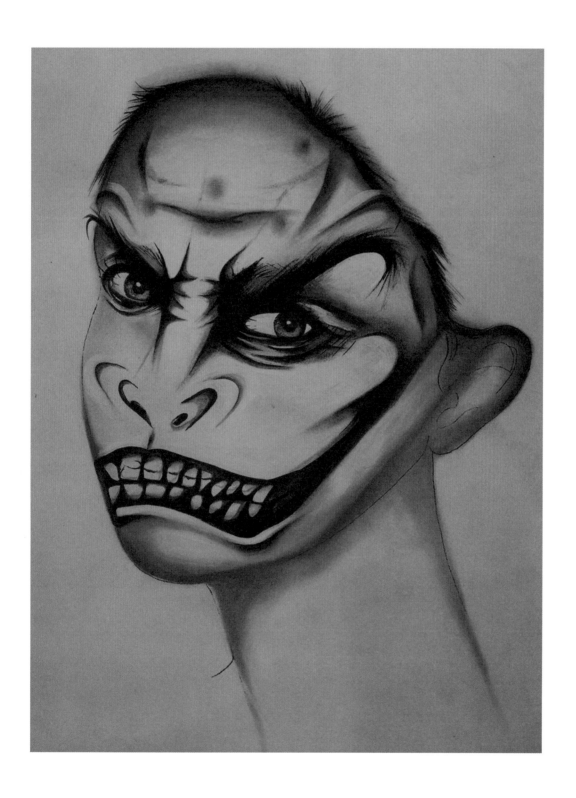

MEMO

MEMO

참고문헌

- 권태순 · 송미영 · 이경은(2007) I Beauty Illustration Master I 청구문화사
- 김시찬 · 한정아 · 서은혜 · 박선영 · 이숙연 · 김예성 · 전연숙 · 조고미 · 김선희(2010) **뷰티일러스트레이션** I 현문사
- 김희정 · 오윤경 · 조현주(2007) I **뷰티&패션 일러스트레이션** I 정담미디어
- 오세희(2009) I **패션&뷰티 일러스트레이션** I 성안당
- 오지민 · 김경순 · 김효정 · 우미옥(2003) I **뷰티 디자인과 일러스트레이션** I 훈민사
- 이숙연 · 정영미(2011) I BEAUTY ILLUSTRATION I 훈민사
- 이영애 · 김영규 · 노선옥 · 이귀영(2002) I BEAUTY ILLUSTRATION I 청구문화사
- 이혜성(1999) I **미용디자인을 위한 일러스트레이션** I 현문사
- 임여경(2011) I **뷰티일러스트레이션** I 광문각
- 장미숙 · 이화순(2012) I Fashion Beauty Illustration I 경춘사
- 조고미 · 박정신 · 조진아(2002) I BEAUTY ILLUSTRATION I 청구문화사
- 한지수(2013) I **뷰티일러스트레이션** I 경춘사